奇迹天工

QIJITIANGONG

创造 是中国存续千秋的水墨
令人类尽享文明荣耀

水墨图说

中国古代发明创造

〔水利工程〕

黄明 /编著

天津出版传媒集团

天津教育出版社

TIANJIN EDUCATION PRESS

图书在版编目（CIP）数据

水利工程／黄明编著. —天津：天津教育出版社，
2014.1（2016 年 12 重印）
（奇迹天工：水墨图说中国古代发明创造）
ISBN 978－7－5309－7408－7

Ⅰ.①水… Ⅱ.①黄… Ⅲ.①水利工程—中国—古代
—青年读物②水利工程—中国—古代—少年读物
Ⅳ.①TV－092

中国版本图书馆 CIP 数据核字（2013）第 257496 号

水利工程

奇迹天工：水墨图说中国古代发明创造

出 版 人	刘志刚
作 者	黄明
选题策划	袁颖 王艳超
责任编辑	王艳超 曾萱
装帧设计	郭亚非
出版发行	天津出版传媒集团 天津教育出版社 天津市和平区西康路 35 号 邮政编码 300051 http://www.tjeph.com.cn
印 刷	永清县晔盛亚胶印有限公司
版 次	2014 年 1 月第 1 版
印 次	2016 年 12 月第 2 次印刷
规 格	16 开(787×1092)
字 数	35 千字
印 张	6
定 价	13.80 元

　　水是生命之源，没有水就没有生命。水给了人类衣食之源，也给了人类洪荒之灾。受着水的滋养，人类的文明不断发展。世界四大文明古国——古埃及、古巴比伦、古印度和中国，都是依水而生的古老文明。

　　在中国，发达的农耕文化依水而生，伴水而存。人们从单纯依赖自然赋予的水资源，到能动地改造利用水资源，显示出卓越的智慧、超强的能力和不屈的精神。

　　中国有着得天独厚的自然条件：广袤无垠的土地和数不胜数的江河湖泊。但是，大自然的恩赐绝不会让人肆意消费，可以说，中国的文明史也是一部人类与洪水旱涝搏斗、与自然博弈，最终走向和谐的用水文明史。在与水的交流中，人们借助开渠扩充疆土，挖运河漕运粮食稳定京师，打井灌溉屯军开发，巧用水的力量提高生产……

　　中国古代有许多非常具有代表性的水利工程，其中不少名垂世界史册。这些工程不仅规模巨大，而且闪现着灵动的奇思妙想，反映了当时人们高超的设计水平和修造能力。这些水利工程在当时从不同的角度推动了农业发展、经济繁荣乃至政治格局的改变，有的直到今天还在发挥作用。

　　了解这些中国古代的水利工程，对先辈的敬佩之情会油然而生。中国人伟大的创造力就是社会前进的原动力。

目
CONTENTS
录

　　水是人类生存和生活的必要条件，人不能片刻离开水，只有有水的地方才会有人。水意味着好运和财富，这种认识，一直存续在国人心里。

　　但是在古代，依水而居有好处也会生祸患，由于缺乏对水的必要的控制手段，灭顶之灾随时可能到来。不过，人之所以为人，在于会观察、会摸索、会总结，在于有思想、会劳动、能创造。于是，人们学会了造船，在水中如鱼得水；人们学会了架桥，免受水的阻隔；人们学会了凿井挖渠，引水灌溉；人们学会了修堤筑坝，抗洪泄洪，治理水患……凡此种种，千百年来，中国人克服了种种困难，努力学习与水相濡以沫，在人类利用和开发水资源方面作出了卓越的探索和尝试，付出了许多代价，也积累了宝贵的经验。

运河篇

　　运河不是天然河道，而是靠人力挖掘出的新水道，通常与自然水道或其他运河相连。除航运外，运河还可用于灌溉、分洪、排涝、给水等。

　　中国的运河建设历史悠久，而且很多运河的开发最初都是与战争和政治博弈有关。依靠运河，调送兵力、运输粮草非常便利，常常是决定战时的重要环节——谁的运河能力强大，谁就左右了战事的动向。

邗沟：为称雄而开凿

　　相传早在商朝末年，中国即已凿成一条规模可观的运河，名字叫作泰伯渎，由周太王的长子泰伯修筑，位于今无锡市东南，据说这是世界上最古老的运河。

　　真正有影响的运河修建发生在春秋战国时期，地点集中在长江中下游及黄、淮之间。其中由吴国开凿的多条运河影响深远。

　　春秋末年，阖闾、夫差父子相继为王，吴国日益强盛。

为了扩充国土，他们在公元前 6 世纪末至公元前 5 世纪初，在太湖流域利用自然河道陆续挖建了三条运河，即胥浦、胥溪以及一条由吴（今江苏苏州市）北上，到今江阴西部与长江会合的运河。吴对楚作战时，采用声东击西的战术，利用后两条运河，或向西扰楚，或向北扰楚，使楚军防不胜防，疲于奔命，就此拖垮其战斗力量。"疲于奔命"的典故也由此而来。

公元前 506 年和公元前 494 年，吴国先后击败了楚国和越国，吴王夫差认为自己在长江流域的霸主地位已然确立，决定用兵北方，为此，吴国做了两个大动作。

首先，在公元前 486 年，邗城建成。邗，就是古扬州（今江苏扬州市西北郊），作为吴国进军北方的军事基地。

此外，为了运送军队和粮草，吴国做了另一件重要的事情，就是挖邗沟。邗沟，后人又称其为"山阳渎"，这是中

国、也是世界有确切穿凿纪年的第一条大型运河，长约一百五十千米。据《水经注·淮水注》记载，邗沟从邗城西南引进江水，经过城东向北流，从陆阳、广武两湖（今江苏高邮市东、西部）中间穿过，北注樊梁湖（今江苏高邮市北境），又折向东北，连续穿过博芝、射阳两湖，再折向西北，到末口（今江苏淮安市东北）入淮。

为什么邗沟的线路如此曲折呢？原来，这是吴国为了减轻施工的负担，巧妙地利用了当地众多的湖泊而施以建设的缘故。

公元前484年，吴师大败齐师于艾陵（今山东泰安市南）。此后，吴国再开通一条运河，继续向中原挺进。这条运河就是菏水，它沟通的是黄河的支流济水和泗水。运河水源来自菏泽，故称菏水，开凿时间在公元前482年。

不过，邗沟和菏水都是夫差从政治、军事需要出发修建的，所以工程比较粗糙，邗沟的河道也曲折，使航运受到一定影响。但它们沟通了江、淮、泗、济诸水，对加强长江、淮河、黄河三大流域的经济、政治、文化联系，起到了重要作用。

鸿沟：在中原编织水网

战国中期，魏惠王雄心勃勃想称霸中原。于是，他先将都城东迁大梁（今河南开封市），继而又以大梁为中心，在黄、淮之间大兴水利，形成了历史上著名的鸿沟水运枢纽。

鸿沟是沟通黄、淮两大水系的水运枢纽。它从济水引黄河水南下，经大梁西面的圃田泽（今河南省中牟县西，已淤）引水到大梁。

又过了二十多年，魏国将原来的大沟向东延伸，经大梁北郭到城东，再折而南下，与淮水的支流颍水会合，这条运河史称"鸿沟"。鸿沟从大梁南下时，一路上将淮河的另一批支流连接起来。

魏国境内原本河道不多，所以水运并不发达。但是，挖掘了鸿沟之后，黄河、淮河、济水之间就形成了一个相当完整的水上交通网，中原地区可以通过它及淮河支流丹水等进入淮河，达成与南方吴、楚等地的水上交通。

由于鸿沟所联系的地区都是当时经济、政治、文化最发达的地区，所以在历史上影响很大。除了改善了魏国的水上交通，带动周边城市乡镇的崛起和发展外，鸿沟水系还可灌溉农田，大大促进了魏国农业的发展，这片流域也因此成为当时重要的产粮区之一。

灵渠：船在山间行

导江自海阳，至县乃弥迤。
狂澜既奔倾，中流遇铧嘴。
分为两道开，南漓北湘水。
至今舟楫利，楚粤径万里。
人谋夺天造，史禄所经始。

……

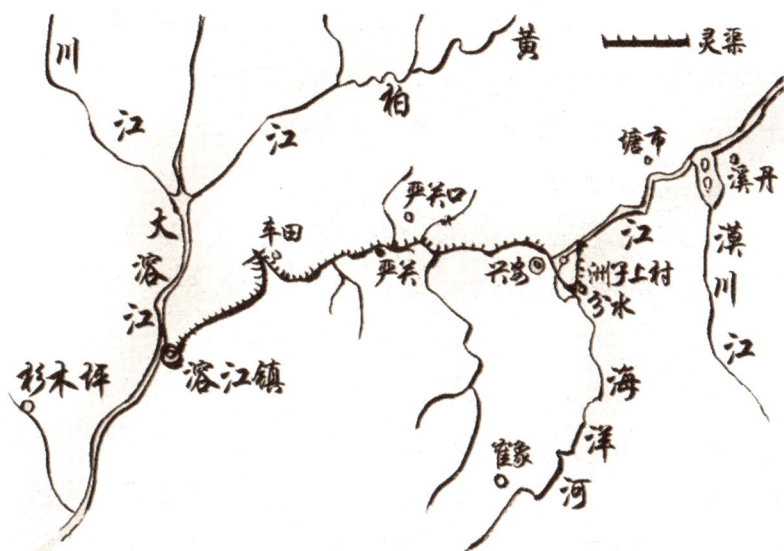

　　这是宋代诗人范成大在其诗《铧嘴》中描绘出的灵渠。诗人对灵渠构造上的巧夺天工、航运上的便捷深有感触，赞颂其功用奇伟。

　　灵渠也是世界上最古老的运河之一，不过，它最早的名称已经难以考证，后来相继被称为秦凿渠、零渠、灵渠、兴安运河等。和前面提到的运河一样，灵渠的建设也与战争的背景有关。

　　古代，南方有一个人数众多的越族，分布很广，其中住在广东和广西一带的越人称"南越"。秦灭楚后，进一步向南进军到南越腹地。但是，秦军苦战三年，毫无建树，因为两广有南岭护佑，秦军粮草在补给上出现了困难，严重影响到战事的发展。考虑再三，秦始皇决定派史禄负责穿凿运河来解决这一问题。

　　史禄通过实地考察，决定在南岭的越城岭和都庞岭之间开挖运河，沟通长江和粤江。为了完成这个任务，数十万秦军和民工开石劈山，付出了艰苦的劳动。

　　公元前214年，经过五年多的艰苦努力，长达三十三千米的灵渠终于挖成。通过灵渠的运输，使秦军在粮草上有了保障，很快就控制了岭南。珠江水系与长江水系也可以直接通航了。

　　不能不提的是，灵渠是一条充满了智慧的古运河。

　　船在水里游，这不是问题，但是怎样让它能"爬"上山呢？这简直就是"不可能完成的任务"啊！但我们聪明的祖先想到了在水面的"坡度"上解决问题，让不可能的事情变成了可能。

　　水面的"坡度"在航行术语上叫作"比降"。如今，我

们通过计算和经验知道，适合航行的比降应在小于三千分之一以下的范围内，也就是说，在长三千米的水路上，水位升高或下降不得超过一米。比降越大，水流越急，对航行就越不利。事实上，湘江水面和漓江水面的水位差很大，即使使用筑堤的办法来提高水位，比降还是很大。该怎么办呢？

人们想出了许多办法来。首先，努力让河道迂回曲折，多拐几个弯，让船多走几个"之"字形。这样，有限的河道就被延长了，比降——也就是水面的"坡度"就相应变小了，这就如同陆地上的盘山道一样，船"爬"山也就容易得多了。

但是，有的地方比降太大，如果采用上面的方法，不断延长河道，增加"之"字，工程量就会无限加大，费时费力也费钱。

于是，人们又发明了"斗门"（也叫"陡门"）。现在我们知道，这就是船闸！人们在灵渠水位比降大又不适宜延长河道的地方，分别用巨石做了一个又一个的斗门。每个斗门

都有专用的工具，如斗杠、斗脚、斗编等。船进入斗门后，人们赶紧把身后的斗门用专用的工具堵严，使其不漏水，然后徐徐开启前进方向上的另一个斗门。随着斗门打开，水从前方的斗门涌进来，不一会儿，两个斗门间的水位就持平了。于是船就可以前进到下一个斗门内。如此周而复始，船就一级一级向山上"爬"去。同样道理，船也可以从山上一级一级"降"下来，只不过方向相反罢了。读到这里，让人不得不赞叹，我们的祖辈有多么聪明智慧啊！

灵渠因此成为世界上最早建造并使用船闸的运河，也是最早的跨越山岭的运河。在国外，最早的船闸直到 1375 年才在欧洲的荷兰出现，而这时中国已经是明朝了。中国古代劳动人民发明的这种利用船闸行船的技术，一直沿用到现代。

除了发明了能让船"爬"上山去的好办法外，聪慧的中国人还创造了"分水工程"。

原来，湘江上游的海洋河水量比较丰富，如果在这里建立分水工程，使灵渠保持充足的水量，就可以方便船只从海洋河通过分水工程进入运河。

分水工程包括前面范成大诗中提到的拦河坝和铧嘴两部分。平时，坝下一段海洋河旧道不再通水，但一旦洪水来临时，大水可以翻越大坝流入旧道。铧嘴位于"人"字形拦河坝顶端的河心部位，把海洋河水按照三七分分成两部分，七分进北渠，三分入南渠。进入北渠的水从"人"字坝向北，经过长约三千五百米的渠道回到湘江故道；进入南渠的水，经过人工开凿的长约四千五百米的渠道引入灵渠，作为运河的主要水源。

你瞧，一条灵渠身上囊括了多少个世界之最啊！

从长度上看，灵渠是一条小型运河，但它沟通了长江、珠江两大水系。在两千多年中，它一直都是内地和岭南的主要交通孔道和经济文化的交流纽带，作用巨大。

1936年和1941年，粤汉铁路和湘桂铁路相继建成通车，灵渠的航运逐渐停止。1956年，灵渠停运，改作农田灌溉和城市供水工程，同时成为供人观赏的名胜古迹。

河北五渠：曹氏踞中原的根脉

东汉末年，曹操出于政治和军事的需要，在华北地区进行了大规模的水利改造，先后凿成白沟、平虏、泉州、新河、利漕等五条水道。

公元 204 年，曹操亲率大军渡河北征，讨伐袁绍之子袁尚。为了军运需要，他命人在河北首先建成了一条名为白沟的运河。

白沟的主要工程之一是修筑堰坝迫使淇水集中北流。淇

水发源于太行山，河水分两道注入黄河，水量不够充沛。因此，人们在这里修筑大、小二堰。小堰用石材建成，人称石堰，主要目的是堵塞小河，将全部淇水集中于正流。大堰叫枋堰，是木、铁、石混用、以大枋木为主的拦河大坝。船只在这里通行比较麻烦，需要将货物从船上卸下，拉空船沿坝的斜坡过坝，再将货物装船，继续航行。

另一工程是在枋堰北面挖渠，引淇水进入另一河流——白沟。白沟下接黄河故道古清河，清河北到今天津。这样，白沟工程在一定程度上改善了黄河南北的水运。

公元206年，曹操北伐。在进军过程中，他命令董昭负责组织施工，相继凿成平虏、泉州、新河三条运粮渠道，开辟了通向辽西的水路。

利漕渠的开通主要是政治需要。邺城战略位置重要，原本是北方枭雄袁绍、袁尚父子的大本营。曹操消灭袁氏势力后，将自己的政治中心由许都（今河南许昌市）北迁于此。因此，他很重视对邺城的建设，开渠就是其中一项重要工程。

公元213年，利漕渠施工，它以漳水为水源，经邺城，向东与白沟衔接。利漕渠凿成后，邺城大大加强了对幽燕中北部的控制，也增强了与黄河以南的联系。漳水水量比较丰富，也使白沟的航道更为通畅。

除以上五渠外，曹魏时又开白马渠，沟通沱水和漳水。这些水利工程，成就了曹操的历史伟业，也留给后人宝贵的财富。

大运河：暴君的特殊遗产

中国的大江大河大都是自西往东横向流动的，怎样利用这些水道来满足南北交通的需要呢？一直以来，人们都在努力实践着。到了隋朝时期，取得了最重要的成果。

唐末著名诗人皮日休在《汴河怀古》中这样写道：

尽道隋亡为此河，至今千里赖通波。

若无龙舟水殿事，与禹论功不较多。

这首诗描述的是大运河，也间接赞赏了一位君王——隋炀帝。众所周知，隋炀帝是历史上著名的残暴皇帝，皮日休怎么会赞美他呢？这就要从大运河说起。

隋朝建立后，重新选择在长安定都。这里易守难攻，物资丰饶，可惜的是，以往修挖的漕渠已经淤塞，无法使用。于是，隋文帝命郭衍负责开凿新渠。仓促开挖的结果是，渠道又浅又窄，无法使用。

公元 584 年，渠道重新动工改建，由杰出的工程专家宇文恺主持。这一次达到了设计的要求，河道又深又宽，可以让"方舟巨舫"航行——舫是一种两舟相并的船，体积大，容量多。新渠长一百五十多千米，人称广通渠。

公元 604 年，隋炀帝杨广即位。为了控制山东、河北以及江南等地的经济和物资，隋炀帝下令营建东都洛阳。接着，又下令以东都为中心，修建大运河。

最先修建的是通济渠。通济渠全长近一千千米，它不仅渠道长，而且因为要航行皇帝长两百尺、高四十五尺、上建四层重殿的巨舫龙舟，所以凿得又宽又深。此外，通济渠沿渠还修筑有平整的御道，以便数十万纤夫和军队行走；同时，沿途还修建了数十座离宫，供皇帝和后妃休息。

工程于公元605年3月动工，到8月便交付使用。隋炀帝从洛口登上龙舟，带着后妃和文武百官，乘坐几千艘舳舻，浩浩荡荡，南巡江都。

通济渠工程浩大，施工时间却仅用了半年，简直是古今中外运河建造史上的奇迹，这反映出了中国人无与伦比的创造力。但是，由于挖渠和造船的高强度作业，大约有四五十万民众为此献出了宝贵的生命，这也是后人讨伐隋炀帝的主要罪状之一。

公元605年，隋炀帝征调淮南十余万人，对邗沟进行了比较彻底的修整，按照通济渠的标准，浚深加宽渠道，还挖

掘了新的入江渠口——长江渡口扬子津。经过这次改造，邗沟和通济渠串联起来，畅通无阻，龙舟可进退自如。

在建成通济渠和邗沟后的第六年，隋炀帝又下令拓展江南河，计划可以通过新修的江南河乘龙舟直达会稽，形成八百余里的畅通河道。据说当年的大禹和秦始皇都曾到达会稽山，隋炀帝也想效仿前人，获得前人的荣耀。不过，因为与高丽的战争和农民起义等原因，隋炀帝未曾南渡长江登临会稽山。

江南河的拓展大大地推进了太湖流域航运的发展，也加强了与江淮等地的联系。江南河至今仍是太湖流域的黄金水道。

自东汉末年，曹操开凿成河北五渠后，那里虽然形成了一条纵贯南北的水道，但却是以自然河道为主，深浅不一，航路不畅，难以适应隋朝政治、经济、军事的需要。于是隋炀帝决定在黄河以北，在曹氏旧有水道的基础上，拓展一条航运能力比较大的运河，这就是永济渠。公元 608

年，河北诸郡男女百万余人被调遣参与了永济渠的修筑，引沁水南达黄河，向北通达涿郡（今北京）。

永济渠总长近千千米，虽然宽度不及通济渠，但运输能力很强。公元611年，隋炀帝伐辽东，就是乘巨型龙舟到达涿郡的。全程两千多千米，仅用了五十多天即达，足见其通航能力之大。而伐辽东出动了一百多万军队，后勤物资运输量极大，主要也都是靠这条新水道完成。

广通渠、通济渠、邗沟（山阳渎）、江南河、永济渠，虽然是五条运河，但由于规格大体一致，以长安—洛阳两都为中轴，呈扇形将东南和东北等地串联在一起，形成一张运河网，这也是后来京杭大运河的基本网络。大运河把当时经济、政治、文化最发达的诸多区域紧密地联系在一起，对巩固国家的政权和经济的繁荣，起到难以估量的作用。

尽管后人对隋炀帝持批判态度，但是对大运河的价值还

是予以了肯定。

隋朝以后，各朝对大运河体系都进行了维修、丰富和完善。比如，唐朝对通济渠（唐朝时称汴河）和永济渠进行了改造，并对漕运制度做了一次重大改革——用分段运输代替直运。分段运送，效率大大提高，自扬州至长安四十天可达，损耗也大幅度下降。

为加强都城汴京与各地经济、政治联系，北宋在继续利用大运河的基础上，又修建了一批向四方辐射的运河，形成新的运河体系。它以汴河为骨干，再加上广济河、金水河、惠民河，合称汴京四渠，并通过四渠，向南沟通了淮水、扬楚运河、长江、江南河等，向北沟通了济水、黄河、卫河（前身为永济渠）。

又如，元朝虽然开展了海上运输，但是大宗物资、粮食依然依赖河运。其间最负盛名的工程是著名科学家郭守敬的手笔——他主持了济州河和通惠河的建设。此外，元代还贡献给世人另一条运

河——会通河。

大运河，现称京杭大运河，是世界上最长的运河，南起浙江杭州，北至北京通州区北关，贯通六省市，全长一千七百九十四千米。它将海河、黄河、淮河、长江和钱塘江五大水系，连成了统一的水运网。这是中国古代劳动人民改造大自然的一项奇迹工程。

大运河沿线自然条件复杂，地势高低不一，水源丰枯不等，洪沙灾害频仍。智慧的劳动人民开拓水源、设置水柜（蓄水库）、建立坝闸、分离河运、穿凿减河等诸多工程，以不同方法加以克服，使这条最长的运河也成为最长寿的运河。

大运河促进了南北政治、经济、文化的联系，沿线周边地区农、工、商业都很繁荣，中国资本主义的萌芽也在这里诞生，涌现了八十多座繁荣的大型城市。

近现代，由于各种历史

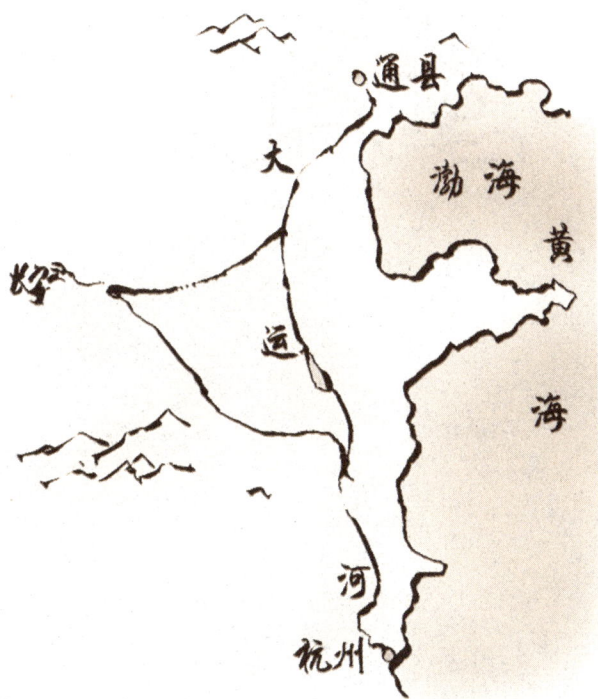

和地理的原因，大运河没落。不过，随着新中国的建设和维修利用，加之南水北调东线工程的进展，大运河又重现生机。

灌溉篇

兴修水利最重要的作用和价值是农田灌溉。中国是传统的农耕大国，幅员辽阔，地形多变。为了发展农业，人们开动脑筋，利用一切可利用的条件，开发水利，修建了无数构思巧妙、设计合理、筑造技术精湛、与自然和谐一致的水利工程。

芍陂：水利之冠

芍陂，是一条古老水渠的名字，距今两千五百多年前由春秋时楚相孙叔敖主持修建（另一说为战国时楚子思所建），是中国最古老的水利工程之一，被誉为"水利之冠"。

现在的芍陂又称安丰塘，位于安徽寿县南。其创建者孙叔敖是春秋时期楚庄王的重臣。公元前605年，孙叔敖主持兴建了中国最早的大型引水灌溉工程——期思雩娄灌区（期思陂）。期思雩娄在今河南省固始县境内。当时的灌区在史河东岸凿开石嘴头，引水向北，称为清河；又在史河下游东岸开渠，向东引水，称为堪河。利用这两条引水河渠，灌溉史河、泉河之间的土地。清河长四十五千米，堪河长二十千米，总长逾五十千米，因灌溉有保障，后世称其为"百里不求天"灌区。新灌区的兴建，大大改善了当地的农业生产条件，提高了粮食产量，满足了楚庄王开拓疆土对军粮的需求。

楚庄王知人善任，深知水利对于治理国家的重要，而孙叔敖的业绩也令他信服，所以任命孙叔敖担任令尹（相当于宰相）的职务。孙叔敖当上了楚国的令尹之后，继续推进楚国的水利建设。

公元前597年左右，孙叔敖又主持兴办了中国最早的蓄水灌溉工程——芍陂。芍陂因水流经过芍亭而得名。

工程在安丰城（今安徽寿县境内）附近。这里位于大别山的北麓余脉，东、南、西三面地势较高，北面则地势低洼，向淮河倾斜。每逢夏秋雨季，山洪暴发，形成涝灾；雨少时又常常出现旱灾。当时这里是楚国北疆的农业区，粮食生产

的好坏，对于当地的军需民用影响极大。

孙叔敖根据当地的地形特点，组织当地人民修建工程，将周围积石山、龙池山和六安龙穴山流下来的溪水汇集到低洼的芍陂之中。然后修建五个水门，以石质闸门控制水量，"水涨则开门以疏之，水消则闭门以蓄之"，也就是说，水多上涨的时候开闸门放水疏导，水退后则关上闸门蓄水。这样一来，不仅天旱有水灌田，又避免水多洪涝成灾。后来，他又命人在西南开了一道子午渠，上通淠河，扩大芍陂的灌溉水源，使芍陂达到"灌田万顷"的规模。

芍陂建成后，安丰一带每年都生产出大量的粮食，很快成为楚国的经济要地。楚国更加强大起来，打败了当时实力雄厚的晋国军队，楚庄王也一跃成为"春秋五霸"之一。

公元前241年，楚国被秦国打败，楚国迁都到这里，并把寿春改名为郢。这固然是出于军事上的需要，同时也是由于水利奠定了这里的重要经济地位。

经过历代的整治，芍陂一直发挥着巨大功效。东晋时因灌区连年丰收，遂改名为"安丰塘"。正因为军事上的价值，芍陂一度成为兵家必争之地，战乱不断。后芍陂因久不修治而逐渐荒废。

东汉建初八年（公元83年），水利专家王景任庐江太守，曾对芍陂进行过较大规模的修治。三国时期，曹魏在淮河流域大规模屯田，大兴水利，也多次修治过芍陂。后来，宋朝的地方官也都很重视它，做过较大规模的修治。但元代以后，安丰塘水利就日渐萎缩了。

　　如今，经过综合治理和修复的芍陂，已经成为淠史杭灌区的重要组成部分，灌溉面积达六十余万亩，并有防洪、除涝、水产、航运等综合功效。

漕渠：长安的粮食命脉

战时的运河是军备物资和军力调派的重要枢纽，是政治、经济联结的要道，但是运河还有一个重要的作用，那就是农业灌溉，这也是水利工程最根本的使命之一。

西汉是中国古代国势最为强大的历史阶段之一，不过由于地处内陆，粮食和物资的供给并不顺畅。一方面，人口不断增加，粮食需求日益加大；另一方面，征伐匈奴，战事频仍，再加上经营西域，所以中央政府粮食支出浩繁，压力很大。为此，西汉政府一边在关中大修水利，发展农业，就近取粮；一边改善水运条件，调运粮食进京。

其实，西汉都城长安附近有渭河，只是渭河水浅多沙，河道曲折，运力不佳，而且每年冬季河水冰封，所以全年仅能维持六个月的通航时间。因此另辟蹊径，改善航运，成了

重中之重。于是，当时主管农业的大司农郑就建议在渭南开凿一条简洁的运粮渠道，立即得到汉武帝的采纳。这条渠道就是漕渠。

漕渠工程于公元前129年开工，由齐国水工徐伯负责勘查、测量、定线，有几万军工参与施工。渠首位于长安城西北，引渭河水为水源，经长安城南向东，与渭水平行，沿途接纳浐河（皂河）、浐河和霸河，增加了漕渠的水量。这些水道都发源于南山，含沙量很少。漕渠穿过霸陵、新丰、郑县和华阳等县，到渭河口附近与黄河会合，全长一百五十多千米，历时三年完工。公元前120年，又在长安西南挖昆明池，将沣水、滈水拦于蓄池内。挖昆明池除了可以操练水兵外，还可以调剂漕渠水量和供应长安的生活用水。

漕渠的通航能力很高，它一直是西汉中后期东粮西运的主要渠道。除航运外，它还有灌溉农田之利，溉田面积达万顷，与当时的成国渠相当。

西汉灭亡以后，漕渠便随着都城的没落，逐渐荒废。随着东汉定都洛阳，另一条阳渠成了新的运输干线。来自南方、东方、北方等地的粮船，经邗沟、汴河、黄河等航道，再循着洛河、阳渠，就可以在洛阳城下傍岸了。这不但解决了政府漕运的问题，也让老百姓获得了便利。

都江堰：长寿的奥秘

发源于松潘县岷山南麓的岷江只有三百多千米长，但是这里降雨丰沛，水量丰富，加之落差巨大，水流湍急，每到夏季都会出现洪峰，洪峰从灌县冲入低平的成都平原便会泛滥成灾。

据《尚书·禹贡》记载，当年大禹曾在这里挖山泄洪，使岷江流入沱江。《禹贡》成书于战国，这说明至少在当时就已有了分洪道。

后人又记载，春秋时的蜀相开明，曾主持决玉垒山，使岷江泄洪。玉垒山古时称湔山，位于岷江东面，灌县西部。决玉垒山就是将玉垒山打开一个缺口，成为分岷江水东入泄洪道的进水口，它就是后来的宝瓶口。

如果说，开明的治理是以疏导、平害为目的的，到了李冰治水时则是致力于开发岷江的水利，变害为利，促进成都平原的农业和航运。

李冰，战国时代著名的水利工程专家，精熟天文地理，秦昭襄王末年担任蜀郡守（约公元前256～前251年）。在任六年间，李冰组织当地各族人民大力兴建都江水利以发挥这里的有利条件，克服不利条件。其中，以都江堰成就最高。

都江堰位置在灌县附近，李冰和儿子二郎合作组织修建。李冰奉行的"分流守江，筑堰引水"，"引水以灌田，分洪以减灾"的治水方针，是后人治水的圭臬。

都江堰的主要工程有分水鱼嘴、飞沙堰泄洪道和宝瓶口引水口等三部分。分水鱼嘴是修建在岷江中的一道分水堤坝，它迎向岷江上游，根据江水的大小，按照比例把汹涌而来的岷江水分为内江和外江。外江是岷江的正流，可泄洪排水，经灌县、乐山入长江。内江是人工渠道，主要用于灌溉，将

水经过宝瓶口引水口引入成都平原。所谓的"宝瓶口"，是指内江引水口比较狭窄，能控制进水的流量，其形状像瓶口。

为了调节流入宝瓶口的水量，李冰在江心洲的东西两岸各筑了一道石堤，名为内金刚堤和外金刚堤。与内金刚堤连接的是飞沙堰，堰顶比堤岸低，水势特别大时，内江水可溢过飞沙堰流向外江，使内江灌溉系统既保持正常的水量，又解除了水涝之患。同时，漫过飞沙堰流入外江的水流产生了

旋涡，由于离心作用，泥砂甚至是巨石都会被抛过飞沙堰，因此还可以有效地减少泥沙在宝瓶口周围的沉积。

　　内江的石壁上刻有二十四格"水则"，即水位标尺，一看就能知道岷江水位的高低。当水位达到十二格时，江水就能漫过飞沙堰排入外江。"水则"是中国，也是世界上最早用来观测河流水情的水位标尺。也有记载说，当时水中铸有石人像和石马以标注水位。虽未见原物，但曾有后世仿制的石像出水，可证明这一说法。

　　都江堰建成后，控制了岷江的水患，灌溉了成都附近的三百万亩良田。《华阳国志·蜀志》说，当地从此"水旱从人"，"沃野千里"，成了天府之国。

　　都江堰是全世界迄今为止唯一留存的、以无坝引水为特征的、建成时间最早的宏大水利工程。都江堰规模之宏大、设计之科学、施工之合理、效益之巨，不仅在中国为"最"，在古代世界上也是独一无二的。它经过历代修整，至今完好，仍然在为人民造福。老百姓怀念李冰父子的功绩，建造"二王庙"加以纪念。

说到都江堰长寿的秘诀，不妨来看这样几点。

在维护都江堰方面，李冰曾总结出六字宝典："深淘滩，浅包堰。"也就是后来所说的"深淘滩，低作堰"。深淘滩，是指把内江淘得深一些。因为春季和初夏，成都平原比较干旱，同时也是岷江的枯水期，只有将内江淘深一些，才能使更多的岷江水流入成都平原。盛夏成都平原多雨，也是岷江的洪水期，只有低作堰，才能使涌入内江的过量洪水，漫堰

排入外江，以免成都平原发生洪涝灾害。

　　在修筑的过程中，李冰等人的智慧也是都江堰历久弥新的重要保证。其奇思妙想即使是与现代水利工程设计相比也毫不逊色，甚至更为实用、巧妙。

　　时至现代，由于金属冶炼、加工技术、混凝土材料、大型施工机械等已经相当完备，因此现代水利可以利用泄洪闸泄洪、拦河坝挡水灌溉，而都江堰在建造之初就依靠鱼嘴的巧妙构思完美地实现了泄洪和灌溉两不误，堪称奇巧。在当时科技水平（包括施工设备、金属制造、工程材料等）比较落后的前提下，都江堰充分利用自然地形和现有条件，既做到了防洪、灌溉、排沙、抗旱等综合功能要求，又不对自然环境做过大的改造和破坏，这和现代水利工程的理念是完全一致的，在当时则是超前的、科学的。

　　飞沙堰看上去十分平凡，其实它的功用非常之大，是确保成都平原不受水灾的关键。飞沙堰可以让多余的水从堰上自行溢出，如遇特大洪水的非常情况，它还会自行溃堤，让大量江水回归岷江正流。另外，现代水利工程一般都是通过控制取水闸的闸门开度来控制取水量，而都江堰利用瓶口的地形来控制流量，同样也是超前的创举。都江堰的鱼嘴、飞沙堰和宝瓶口有机配合，相互制约，协调运行，引水灌田，分洪减灾，具有"分四六，平潦旱"的功效。古代劳动人民的高超智慧真是令后世叹为观止！

　　当然，都江堰得以长寿还有赖于两千多年来后世人们精心的维护、扩展和创新。

唐高宗时（公元 661～663 年），筑成侍郎堰和百丈堤，以保护堤岸。两宋时期对都江堰的维修和扩建也十分重视，订有岁修制度。从元朝起，人们开始使用铸铁和条石等材料来代替竹笼卵石，用于堆砌临时工程并取得了成功。这是都江水利工程中建筑材料的一次重大改革，是一次用永久性建筑材料来取代临时性建筑材料的尝试。

2008 年，汶川特大地震对成都一带造成了极大的破坏，而都江堰却安然无恙，令人们再次折服于以李冰父子为代表的古代劳动人民的智慧！正是有了科学的设计和千百年来的精心维护，都江堰工程才能够在风浪和地震中依然屹立不倒。

太湖：因水利脱贫致富

太湖流域以太湖为中心，包括江苏省南部、浙江省北部和上海市大部分地区。这里地势低平，形似浅碟，雨量丰沛，每年春夏之交，梅雨连绵不断，极易形成水灾。如遇台风登陆，更会酿成严重的洪涝灾害。

正由于洪涝灾害不断，太湖流域曾是令人头疼的苦地。但是自宋朝以后，这里发生了翻天覆地的变化，变成了人人向往的"人间天堂"。这是怎么回事呢？

这和水利工程有着密不可分的关系，正是水利建设促进了农桑经贸的兴起，让这里变成了富足之地。

前面提到过，吴国的阖闾和夫差父子都曾在这一带兴修过大型水利。其实，太湖流域的农田水利建设始于东周秦汉时期。楚国的春申君曾在都城西部兴建了规模较大的水利工

程，将无锡大片沼泽地改造成蓄水的陂塘，并开渠引水灌溉，沟通大湖，这个大湖就是太湖。春申君深受后人的尊崇，在无锡还被视为财神，可见他兴修水利给当地人带来的福泽丰厚。

浙江长兴的皇塘是一条捍水保田的堤防工程。公元 173

年，余杭县令陈浑兴建了大型蓄水工程南湖，以拦蓄苕溪溪水，减少太湖平原洪涝之灾。

自东汉末年起，因为战乱，大量北方人南迁避祸，太湖流域人口激增，农业和水利也随之发展。从三国的吴开始，

建康（今南京市）成了六朝古都。作为京畿重地，太湖也得到了重点发展。各朝统治者都特别重视这里的农田水利建设。这样，在近四个世纪当中，太湖流域相继建成了一大批农田排灌工程。这其中，最早的著名工程是三国时吴国组织兴建的赤山湖。

赤山湖建于公元239年，是一座蓄水防旱的灌溉工程。后来经过多次扩建，到唐朝时称为绛岩湖，发展成为江南非常著名的农田水利设施。此外，吴国又在吴兴、长兴间的太湖边上筑青塘，长数十千米，以隔绝太湖水势，捍卫沿堤农田；在句容至云阳（今江苏省丹阳市）间凿了一条水道破冈渎，既运粮又灌溉。

两晋时最著名的工程，是公元306年曲阿（今江苏省丹阳市）城西拦蓄水形成的练湖（练塘）和公元321年建成的新丰塘。

南朝时，吴兴和长兴相继建成两座规模较大的水利设施——吴兴塘和西湖。

隋唐两宋时期，修建陂塘等蓄水工程仍是这里水利建设的一个重要方面。唐朝扩建、新建的大型蓄水设施多达十几处，其中最重要的有绛岩塘、钱塘湖等。

绛岩塘由三国时期吴国兴建的赤山湖扩展而成，是太湖周围溉田最多的蓄水工程。钱塘湖即西子湖，由白居易主持兴建，以江南河为灌溉干渠。白居易曾写过一首诗，题为《钱塘湖春行》：

孤山寺北贾亭西，水面初平云脚低。

几处早莺争暖树，谁家新燕啄春泥。

乱花渐欲迷人眼，浅草才能没马蹄。

最爱湖东行不足，绿杨阴里白沙堤。

在这脍炙人口的诗句里，作者表达了自己目睹早春风景的开心，钱塘湖的春色美景也在诗中令人一览无余。

在太湖流域修建以排洪为主要目的的塘、渎、泾、浦，更受到隋唐两宋时期人们的重视。为数众多的泾、浦，也使太湖流域水道密如蛛网，发展到"五里一纵浦，七里一横塘"的地步。

与河网化水利建设同步，农田建设方面也逐步圩田化。人们纷纷将纵浦横塘之间的方块土地建成圩田。这些圩田地势低平，水涨成泽，水退为田。圩田化就是把这些土地改造成旱涝保收的良田。

　　元、明、清三代，太湖流域的经济继续发展，是上交国家夏秋两税的重要地域，掌控着国家的经济命脉，但是这里的水旱灾害也是非常严重的。因此治理这里的水道，疏浚流域下游的水道，成为各朝各代农田水利工作的重点。当然，由于当时科技水平和生产力的落后，富足的背后付出的代价是极大的。

郑国渠：间谍的贡献

　　谁也没有想到，一个阴谋会带给秦国意外的收获，一个间谍留给了历史一份厚礼——这就是水工郑国的故事。

　　春秋末年，诸侯群雄并起，兼并战争加剧。秦国地处关中，实力逐渐增强。

　　当时，韩国是秦国的东邻。秦国国力日益强大，让实力难以匹敌的韩国感到不安。公元前 246 年，韩桓王听信了臣子的建议，决定采取"疲秦"的策略，也就是牵扯秦国的力量，让秦国耗费自己的国力和精力。韩桓王派遣著名的水利工程人员郑国去到秦国，游说秦国在泾水和洛水（渭水支流）

间修建一条大型灌溉渠道，阐述这样可以发展秦国农业的道理。实际上，郑国在此行中充当的是韩国间谍的角色。

但是秦王嬴政却觉得郑国的建议非常有道理，立即征集大量人力和物力，任命郑国为主持，兴建这一工程。

在施工过程中，韩国的计谋败露，秦王大怒，要杀郑国。郑国为自己辩解道："我的身份确实是间谍，但是我帮你们修的渠道对秦国是有利的。虽然我这样做，表面上是帮韩国多存在了几年，但是我为秦国做出的贡献却是可以载入史册千秋万代的。"

嬴政虽然生气，但是听郑国说得有道理，且秦国的水工技术落后，还需要郑国的指导，于是就赦免了郑国，继续任用他主持修渠。经过十多年的努力，全渠完工。这是最早在关中建设的大型水利工程。它的建成，使关中的干旱平原成为沃野良田，粮食产量大增，直接支持了秦统一六国的战争。为纪念郑国的功绩，人们就称这道水渠为郑国渠。

郑国渠以泾水为水源，灌溉渭水北面的农田。据《史记》和《汉书》记载，郑国渠的渠首工程，东起中山，西到瓠口。中山、瓠口后来分别被称为仲山、谷口，都在泾县西北，隔着泾水，东西向望。在1985年到1986年，考古工作者曾对郑国渠渠首工程进行实地调查，发现了当年拦截泾水的大坝残址，其规模宏大壮观。

郑国渠在后世各个朝代经过多次增修和改建，称谓在各个时期有所相同。西汉之后称为郑伯渠，北宋之后称丰利渠，明代称广惠渠，清朝称为龙洞渠。它与都江堰和灵渠，并称

为秦朝三大杰出水利工程。

龙首渠：地下水之龙

西汉汉武帝在位期间（公元前 140 ～前 87 年），除修筑漕渠外，还在关中增建了大批灌溉工程，包括龙首渠、六辅渠、白渠、成国渠等。这其中以龙首渠最为独特。

龙首渠的建造时间比较早，也是中国历史上第一条地下水渠。

武帝时，临晋（今陕西省大荔县一带）人庄熊罴代表当地人上书天子，希望能开凿一条渠道，将洛河水引来灌溉重泉以东万顷盐碱地。武帝采纳这一意见，派了上万军卒来完成挖渠任务。

工程从征县（今陕西省澄城县西南）开始向南开渠，到了商颜山（今铁镰山）麓，由于土质疏松，渠岸极易崩塌，于是，人们发明了井渠结构。井渠由地下渠道和竖井两部分组成，前者为行水路线，后者便于挖渠时人员上下、出土和采光，最深的竖井可达十余米。

《史记·河渠书》记载了当时井渠施工法的技术要领：

凿井，深者四十余丈。往往为井，井下相通行水，水颓以绝商颜，东至山岭十余里间。井渠之生自此始。

井渠法无疑是隧洞施工方法的一个创新。同时，龙首渠的施工还反映了当时测量技术已经达到很高水平，在两端不能通视的情况下，人们能准确地确定渠线方位和竖井位置，这是非常难能可贵的。

至于渠名的由来，是因为在施工过程中挖掘出了恐龙化石，因此取名龙首渠。

历经十余年，龙首渠建成，可惜由于当时井渠未加衬砌，井渠通水后，黄土遇水坍塌，导致工程失败。但在两千多年前，龙首渠确实表现出了当时测量、施工技术的最高水平。

六辅渠是公元前 111 年由左内史倪宽主持兴建的，是规模不大的六条辅助性渠道的总称。这些辅渠弥补了郑国渠上游无法施灌北面农田的遗憾。

公元前95年，白渠动工。这一工程由赵中大夫白公建议并主持兴建。渠道在郑国渠南面，向东南流，最后注入渭水，长一百千米。白渠建成以后，谷口、池阳等县因为有郑、白两渠的灌溉，成为不知旱涝的高产区。白渠一直到唐、宋时还有所发展。其中，唐朝的郑白渠就是以白渠为主体的渠系。

成国渠的具体修筑时间和由何人主持兴建已无从考据。这是一条以渭水为水源的大型灌渠，位于渭水北面。成国渠的长度略短于白渠，但溉田面积则是白渠的一倍以上，是关中最主要的灌溉渠道之一。后来，唐朝在白渠和成国渠都设置了专门的水利机构对其进行管理，可见其重要地位。

通济堰：水上立交桥

通济堰位于浙江丽水，是公元505年修筑的一座古老的大型水利工程。它是迄今为止所知世界上最早的拱坝，以引灌为主，蓄泄兼备。

宋代诗人范成大曾在此地任职并主持修整通济堰，亲自制定和撰写堰规，立碑勒石，其堰规一直沿用了数百年。

通济堰渠道呈竹枝状分布，由干渠、支渠及毛渠三部分组成，蜿蜒穿越整个碧湖平原，迂回二十三千米。干渠上分凿出大小支渠、毛渠三百二十一条，主、支渠上有大、小闸进行分水调节，使整个碧湖平原上的万余亩农田得以旱涝保收。

通济渠的选址和修筑都有可圈可点之处。

第一，拦水大坝的位置是整个平原海拔最高之处。古人因势利导在此筑坝拦水入渠，可使渠水由高向低自流灌溉整个平原。大堤上植有数千株千年香樟，使大坝两端基脚更为牢固。

第二，通济堰另一个突出的特点是拱形拦水坝。这是世界上最早使用拱形拦水坝的水利工程。国外最早的拱坝为西班牙人建于16世纪的爱尔其拱坝和晚些时候意大利人建成的邦达尔多拱坝，比通济堰晚了一千多年。

第三，通济堰在排沙方面动了不少脑筋。大坝北端设有净宽两米、两孔、深至坝底的排沙门，上游大水冲下来的沙石，利用排沙门的急流，自动排到大坝下面。大坝北端还设了一座净宽五米的过船闸，此闸除供过往船只通行之外，也起着排泄沙石的作用。由于此两处排沙设施的存在，经历八百年的大坝上方仍然清波荡漾，深不见底，为通济堰提供了生生不息的水源。

通济堰最有趣的特点还属其首创的"水的立交桥"。

离拱形大坝五百米处，有一条名为"泉坑"的山坑，每遇山洪暴发，就挟带大量沙砾和卵石冲泻而下，淤塞渠道，需经常疏通，否则会影响灌溉效益。公元1111年，北宋知县王褆按邑人叶秉心的建议，在通济堰上建造了一座立体交叉石函引水桥，俗称"三洞桥"。这样，泉坑水就可以从桥面上通过，进入瓯江，渠水则从桥下穿流，两者互不相扰，避免了坑水的沙石堵塞堰渠，保证了渠水畅通无阻，无需年年疏导。这种巧妙、高超的建筑水平，得到了人们的交口称赞。

早在一千五百多年前，人们尚不知真正的立交桥为何物的时候，中国人已然创造出了"水的立交桥"之奇观！

坎儿井：地下水长城

说到水利建设，新疆的坎儿井是不能不提的。

新疆位于中国西北边疆，面积辽阔，但由于远离海洋，这里气候干燥，雨量稀少，大片土地是沙漠。不过，新疆高山降水量较多，山上覆盖着厚重的冰雪。冰雪融化后，或汇成河流，或渗入地下，这是对农业发展得天独厚的恩赐。新疆各族人民充分利用这种自然条件，或修建明渠，引河水灌溉，或挖掘坎儿井，引地下水滋润庄稼。

新疆大兴农田水利始于汉武帝屯田西域的时候。唐朝时，无论在高昌还是巨丽城，都修建起一定规模的灌溉渠道。玄奘在其《大唐西域记》中称巨丽城为坦罗斯城（今哈萨克斯坦江布尔城）。巨丽城外的灌溉渠道，是当地唐人修建的，直到蒙古汗国军队西征到这里时，仍在发挥作用。

到了清朝，在天山南北所修建的灌渠更多。图伯特、松筠、林则徐、左宗棠等重要的官员，都曾为新疆的水利发展作出了重大的贡献。

新疆的农田水利设施中，最有特点、也最有名气的是坎儿井。它是以地下水为水源的自流灌溉工程，是雪山前沿、气候特别干燥的斜坡地上最理想的水利设施。

当时，修建坎儿井最多的是吐鲁番和哈密两盆地。这两个盆地都位于天山南麓，地下蕴藏着丰富的雪水。盆地有一定的坡度，将盆地北缘地下的雪水开发出来便可进行自流灌溉。这里雨量极为稀少，蒸发量大，如果采用明渠灌溉，渠水多被蒸发，而蒸发对坎儿井的威胁却极小。

坎儿井又称井渠，由竖井、暗渠、明渠等几部分组成，每条坎儿井的长度由一千米到十千米不等。坎儿井的构造原理是：在高山雪水潜流处寻其水源，隔一定间隔打一深浅不等的竖井，然后再依地势高下在井底修通暗渠，沟通各井，引水下流。地下渠道的出水口与地面渠道相连接，把地下水引至地面灌溉桑田。

暗渠是地下渠道，其作用为拦截地下水并将它引出地面。每条暗渠的竖井，少则几眼，多则一二百眼，主要是供挖掘

和修理暗渠的施工人员上下，又有出土、通风、采光等作用，还依靠它来确定暗渠的坡度和方向。明渠将从暗渠中引出的地下水导入农田，灌溉庄稼。此外，暗渠水是经过千层沙石自然过滤最终形成的天然矿泉水，富含多种矿物质及微量元素，对人体健康有益，当地居民数百年来一直饮用，不少人活到百岁以上，因此，吐鲁番素有"中国长寿之乡"的美名。

兴建坎儿井的时间和来源，已无从考证。但是，挖井的

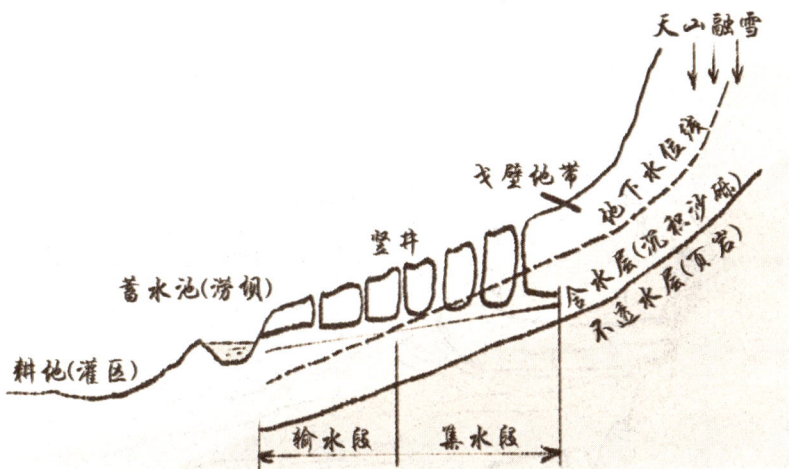

方式，却让人相当眼熟。在介绍西汉龙首渠时曾涉及了类似的技术，所以有很多人都认同坎儿井的发明源自内陆。另外，据《汉书·西域传》记载，公元前64年，辛武贤带兵到敦煌，曾经挖"卑鞮侯井"。按三国时人孟康的解释推断，卑鞮侯井就是井渠。看来，井渠的传入很可能启发了坎儿井的诞生。

坎儿井的建设得到了历代朝廷的重视。不过，真正为坎儿井作出重大贡献的，还是当地的各族人民，其中大部分坎儿井都是维吾尔族人修建的。不仅如此，研究者认为，坎儿井工程的重要结构之———涝坝，也是维吾尔族人发明的。"涝坝"是维吾尔语，意为蓄水池。涝坝具有重要的作用：一是蓄水，可将冬季从暗渠中流出的水储存于此，供来年春天使用；二是晒水，要知道，这里的地下水主要是融雪，水温很低，不能直接灌溉农田，所以需要将引出的水先储存在涝

坝中，经过晾晒后再灌溉农田，这样才利于作物生长；第三，有了涝坝，可以统一调配农田用水。

时至今日，吐鲁番和哈密两盆地的坎儿井共约一千多条，暗渠的总长度约五千千米，与历史上的万里长城和京杭大运河并称"中国古代三大工程"。

不过，近些年来，坎儿井呈现出了明显的衰减之势。生态破坏造成了地下水水位下降，而水库的兴建和石油开采用水，都抢夺了坎儿井的水源。如不加以保护，也许在不久的将来，我们真的只能在历史书和地理书上才能知道，这里曾经有过一种奇特的水利工程——"地下水长城"坎儿井。

宁夏：不寂寞的灌区

同是蜗藏于西北内陆，宁夏平原也有独到的水利工程，这里看似寂寞，却一直都是兴修水利的热点地区。

　　宁夏平原是冲积平原，土层深厚，土壤肥沃。这里四季分明，但是空气干燥，降雨量极少。幸好，这里也有老天的恩赐——水量丰富的黄河穿境而过。

　　秦汉时期，西北的游牧民族一直和中原朝廷打得不可开交，所以秦在这里筑长城，驻戍兵，派官吏，治百姓。为解决官兵的粮食问题，就要促进农业生产，兴修水利。

　　相传秦时在这里修建了秦渠。秦渠又名北地东渠，据说与它地处北地郡的黄河以东有关。除河东秦渠外，据说秦还

在河西穿凿渠道，后人称为北地西渠。

到了汉朝，为对付强大的匈奴，汉武帝进一步在西北边陲大规模施行军屯和移民政策，建立新县，设置浑怀都尉等军事机构。

与之相适应，两汉时宁夏平原上的灌溉工程也增多和扩大了。河东开挖的新渠是汉武帝时修筑的，这就是后人所说的汉渠，或称汉伯渠。在河西，东汉时开凿了两条很长的灌渠，一条叫汉延渠，另一条在汉延渠西面，与汉延渠并行向北延伸。因为主持修筑的徐自官居光禄勋，所以人们称这条新渠为光禄渠。

魏晋时，游牧民族控制了宁夏平原。许多农田成了牧场，许多水利工程或毁于战乱，或荒于年久失修。

北魏统一黄河流域后，农业和农田水利重新得以恢复。这一阶段最重要的工程是艾山渠，修建于公元444年。渠首位于富平县西南的汉朝旧渠口下方四千米处。新渠口具有比较优越的引水条件，这里的河心有一个狭长的沙洲，将河道分成东西两股，只要从西岸到沙洲下端建一条不太长的拦河坝，便可将西面那股河水拦入新渠。新渠修成，成效立竿见影。

唐朝时，作为西北边防重地，宁夏平原受到了关注。从政治、军事的需要出发，唐在这里修建了许多水利设施。仅见于史籍记载的就有光禄渠、御史渠、薄骨律渠、特进渠、尚书渠、汉渠等，其中以御史渠的灌溉面积最大。

11世纪，党项族在这里建立大夏国（即西夏），留下众多的农田水利建设，其中以李王渠和唐来渠最为有名。

公元 1264 年，元世祖忽必烈派擅长水利的中书左丞张文谦主持西北工作，杰出的水利名家郭守敬随行。张、郭二人在西北历时三年，大力修复今西北各地被战争破坏的农田水利。

明代，为了屯军之便，在这里建起了两个灌区，这就是以秦渠和汉渠为主要灌渠的河东灌区，以汉延、唐来为主要灌渠的河西灌区。此外，还有新的卫宁灌区。

清朝，这里相继修建了大清、惠农、昌润等一批重要的渠道。

就这样，被人们认为干旱贫瘠的宁夏平原，其实一点儿也没寂寞过。特殊的地理位置与特殊的政治地位，带给了宁夏平原不一样的命运。这里虽然少雨，虽然偏僻，但是河道密布，水利工程沟联成网，使这里成了西北重要的粮食产地，成为载入史册的"塞上江南"。

当然，宁夏平原也面临着越来越多的考验，随着环境变化，水土流失，这里的水利工程淤塞问题愈发严重，缺少排水设施带来的土地盐碱化不断加深。宁夏真正的夏天，直到新中国成立以后才款款到来。

治理篇

人们兴修水利最主要的目的是利用水力资源，让水为人们的生产、生活服务，但是水往往不以人的意志为转移，它有自己的规律，并试图用各种办法摆脱人类的束缚，我行我素。在过去靠天吃饭的日子里，水灾是屡防不止的，或疏或堵，人们想尽了办法，也吃尽了苦头。但是屡战屡败的古代人民，一直没有屈服于水患的淫威，在与水不断的较量中，取得了很多阶段性的胜利，一次次阻击了水患的袭击，保卫了家园。

黄河：最难驯服的蛟龙

黄河，是中国的母亲河，黄河流域是中华文明的发祥地之一。黄河在孕育中华文明的同时，也留给人们无数可怕的记忆。正是在它的磨砺下，中华民族才愈加强大——从心理到身体，从物质到精神。

前仆后继父子兵

中国古代有许多关于治水的传说，如共工治水、鲧和禹父子治水等，这些都与黄河的治理有关。在中国水利史上，最让人头疼的也是这条难以驯服的蛟龙。

共工氏，相传是神农氏的后裔，既可以指一个人也可以指一个氏族部落，他们在共地（今河南辉县境内）从事农业生产。这里水患非常严重，共工氏不得不与黄河抗争。据《国语·周语》载，共工氏治水的方法是"壅防百川，堕高堙庳"，也就是在许多河流上修建堤防，用土将低处垫高。但是，这样一来，水就被引到了对岸颛顼氏的地盘，给对方带来了灾难，双方因此发生了惨烈的战争。

共工之后，传说中治理洪水的代表人物是鲧和禹。

在距今约五千年前，散居在黄河流域的许多部落结成联盟，这就是"炎黄部落联盟"。几百年后，当尧、舜相继担任这个联盟的首领时，黄河中、下游洪水泛滥，百姓苦不堪言。于是，尧命令鲧负责治水。鲧部落居于河畔，熟知水性。但是，鲧的治水方法比较单一，采用的是修堤筑围的办法堵水，所以尽管他治水很努力，但强大的洪水仍冲垮了围堤，治水失败了。

接着，鲧的儿子禹担负起治水重任。大禹很聪明，他没有单打独斗，而是联合了各方面的人与自己一同治水。这其中包括以益为首的东方部落和以稷为首的西方部落，还有治水经验十分丰富的共工氏后裔四岳。

禹不但聪明，也肯付出，常常身先士卒。据说，他带领百姓治水，连腿上的汗毛都被磨光了。在治水的过程中，大禹公而忘私，三次经过自己的家门，听到儿子的哭声也没有

进去探望。

据说，大禹治水长达十三年（一说八年），而最终让大禹取得成功的是因为其采用了科学合理的治水方法。传说他发明了测量工具"准绳""规矩"来测定地势高低，作为施工的依据。他从实际情况出发，吸取前人的经验教训，采用以疏导为主、辅以拦蓄的综合治理方法。所谓"疏导"，就是疏川导滞，即疏通河道，导引排泄积水；而"拦蓄"，就是陂障九泽，即挖建湖泊，将洪水存蓄其中。

通过大禹治水的传说，我们可以了解到原始社会末期的生活和生产情况。随着农耕的出现，先民由高地移居到平原和河边。这里方便取水和灌溉，但同时也存在洪水的隐患。人们正是在与洪水的斗争中，逐渐学会了合理疏导和利用水源，又在治理洪水的过程中，摸索出修建排灌工程和垒筑堤围工程等科学方法，显示出先民过人的智慧和实践能力。

暗度陈仓河为界

鲧和禹治水虽然反映了一定的历史背景，但毕竟是传说。人们真正治理黄河，始于春秋时期。

古代的黄河虽然也呈现出我们熟悉的"几"字形，但河道几经改变，尤其是下游河道，经常南北摆动，原因就在于黄河两岸缺少必要的堤坝约束。

随着社会发展，黄河下游近河地带因为土壤肥沃吸引了大量民众来此安家立业、垦荒种田。为了生产、生活的安全，人们因地制宜，逐步修建起了黄河大堤。

根据有限的资料显示，黄河下游的河堤工程，在春秋时就已着手兴建了，特别是在下游偏西一带，即相当于在今天的河南东部、山东西部和河北南部等地。修建河堤，是为了生产、生活的安全，但是一旦操作起来，就有人打起了歪主意。诸侯借争建河堤的机会，有意圈地，变相窃取别国土地。矛盾一多，诸侯之间就不得不达成协议，作出有关筑堤的规定。比如，公元前651年，在齐桓公主持下的葵丘会盟中，诸侯制订出一条"无曲防"的盟约要大家彼此遵守。意思是，各国诸侯在本国黄河两岸筑堤时，必须顺应黄河的自然流向，不能用筑堤的方法改变河流流向，占领邻国的土地。

到战国中期，七雄中的齐、魏、赵三国有一段国界以黄河为界。齐国地势较低，为了防备河水灌袭，就在沿离河道不远处建起了黄河长堤。魏、赵两国见状也担心黄河泛滥，怕洪水漫入自己国境，于是也各自在境内建造了黄河长堤，就像当初共工那样。于是，你修我也修，黄河下游的南北大堤竟然陆续建成了。

由于这一南北大堤的兴建，黄河下游的干流正式形成，河床比较稳定，洪水泛滥得到控制，这里也逐渐成了繁荣之地，城镇不断发展了起来。

"二王"长堤伏龙

在中国古代，"河"特指黄河。在早期的治河行动中，以"二王治河"的故事最为著名。

西汉时，黄河中、下游水土流失严重，黄河一再发生决口，给周边地域带来了灭顶之灾，大片土地被淹，河道紊乱，但无人有能力治理。

公元69年，东汉明帝派王景、王吴治河。王景博闻强记，多才多艺，尤其通晓天文术数之事，而且是治水的高手。他与王吴曾经携手用"堨流法"治理浚仪渠，很有成效，此度二人再度联手治理水患也是众望所归。

二王的治理方案主要有疏浚河道、修建堤防和建立水门等。

两人将上起荥阳、下到千乘海口的千余里河道确定为黄河干道，进行了艰苦的疏浚。由于这段河道绝大部分是决口后漫流形成，因此有些段落河道浅窄弯曲，极易造成决口和泛滥，必须铲除高地的阻隔，使河道变得宽直，清除河道中淤塞的岩石和泥沙，使水流畅通。要改造这千余里的河道，工程量之巨大，

劳动之艰苦，可想而知。

为了防止河道流向变动，"二王"建筑了自荥阳至海口的千里黄河长堤，而且是内外双重堤坝，有利于将洪水中的泥沙沉积于内外堤之间，既加固了堤防，又延缓了河床的淤高。

王景、王吴治河的工程虽然极其浩大，但进展比较顺利，从公元69年4月开工，到第二年4月便全面完工，历时仅仅一年。即便如此，由于工程浩大，经费支出相当可观，"虽减省役费，然犹以百亿计"。

经过王景、王吴的治理，这段河道在以后很长的历史时期中，决口的次数大大减少了，安流了八百年左右，河道没有大迁，到北宋初年，它才北迁到天津境内入海。对于历来不可驯服的黄河来说，经治理后能安静这么久，可以说是历史奇迹。

贾鲁故道扼龙

到北宋时的公元1048年，被泥沙不断抬高的黄河崩溃了。这一次大决口，导致黄河发生了一次重大的改道——黄河向北至今天天津境内入海。

公元1128年，金兵南下，东京留守杜充妄图用河水拦挡，决开黄河南堤。不想，这个愚蠢的决定，不但没伤到对方，反而酿成巨大水患，河南、山东和江苏被淹，而黄河下游河道自此再次大迁徙，与泗水和淮河合槽入海。

此后，黄河下游多段河道屡屡决口泛滥，甚至一度冲毁会通河，切断了南粮北运的运河航道，也给人民的生命财产安全带来极大的威胁。

在这一历史时期，有一位杰出的治黄人出现了，他就是元朝的贾鲁。

当时，黄河决口，贾鲁主张彻底治理黄河水患。他的建议是堵塞白茅堤决口，扭转黄河南下，回到泗水、淮水旧道，东入黄海。这项工程大胆且艰巨，但对保卫运河，维护大都的安危极为有利。于是，公元1351年，元顺帝命贾鲁实施自己的方案，扼住不驯的黄河的咽喉。

贾鲁此前已经做好了充分的准备，所以他指挥民夫兵卒十七万人，先治理白茅堤决口以下的黄河旧道，再堵塞白茅堤决口。一切进展按部就班，非常顺利，当年全部工程就竣工了。

贾鲁在治理黄河中，表现出了杰出的指挥才能和睿智的创新精神。当时白茅堤决口宽，河谷深，波涛汹涌，极难堵塞。贾鲁采用一系列的创造性举措加以解决。第一步是在决口上方挖一条直河，代替原来比较弯曲、主流直冲决口的一段河道。第二步是在这条直河上，修建了刺水堤和石船斜堤，尽量把河水导向对面。这样就一步步降低了堵口的困难，最终堵口成功，力挽狂澜，完成了令河南流的艰巨任务。

创造性的束水攻沙

束水攻沙是治理黄河中非常有创意的一项技术，它的发明并非某一人独创，但是明朝的潘季驯对此法的完善和使用是最具功效的。

黄河的问题，到了明朝依然没有明显改观，大运河也因此再度受创。为了保护运河，明朝前期治理黄河实行的是"北堵南分"方针。北堵，就是在黄河下游北岸修建长堤，防止黄河向北决口或迁移破坏会通河的航道。南分，就是让黄河沿贾鲁旧道以及涡水、颍水等，循淮河东入黄海。

这一方针在短期内取得了一定的成果，但是人们并不知道，黄河的问题不仅是水患，泥沙堵塞河道才是根本问题。

这个时候，潘季驯等人提出了新的治河方法，"束水攻沙"法成了最具针对性的、最卓有成效的一招。

潘季驯主持治理黄河的时间很长，他以束水攻沙为核心，在工程上采取了一系列的措施。

在治河时，他继续推行北堵的方针，但反对听凭河水分流南下，而是把从决口旁出的河水堵住，将其集中到干流中，这样就有效扼制了黄河下游长期多股分流和洪水横溢的局面，使河水集中到贾鲁故道。

除堵决口外，他们把主要力量放在黄河下游的河道两岸，建筑坚固的堤防。这两道南北大堤被称为近堤或缕堤，是束水攻沙的最主要工程。缕堤临近河道主槽，以便束窄河槽，

在束水攻沙的基础上，潘季驯进一步提出"蓄清刷黄"的技术措施。他在勘查中发现，黄河、淮河合槽后，淮河水清，挟沙力强，汇入浊河后能够进一步提高其冲刷河床的能力。于是，潘季驯在洪泽湖东南筑高家堰，用于蓄积淮河清水，使之东入黄河，达到"蓄清刷黄"的效果。

不过，因为黄河水情复杂，以束水攻沙为核心的潘氏治黄工程效果并不理想。

后来，清代主持治理黄河和运河的是靳辅和他的幕僚陈潢，后者知识渊博，能力不俗。他们在治黄的过程中，主要措施与潘季驯基本相同，即筑堤束水，以水攻沙。但他们除了强调束水攻沙外，也十分重视人力的疏导作用，这是非常明智和合理的。在疏浚河口时，他们还创造了带水作业的刷沙机械，把铁扫帚系于船尾，当船来回行驶时，可以翻起河底的泥沙，再利用流水的冲力，将泥沙送到深海中。这是中国利用机械治河的滥觞。

千百年来，人们与黄河的较量从未停止，成功与失败并存。遗憾的是，古人始终没有抓住这条黄龙的真正命门——中游，大多时候都只在下游忙碌，而忽略了对"水患核心"中游的管控，要知道，这里的水土流失才是最大的祸患之源。

新中国成立以后，通过统筹安排，综合治理，主治中游，兼及上、下游，保水土，建水库，筑堤防，浚河道，黄河至今再未形成水患，中国人真正驯服了这条不羁的黄龙。

潮灾：来自海洋的魔鬼

即使是现在，很多人都不能清楚地说出水利工程到底都包括哪些。是的，水利是一门综合的学科。水利科学所涉及的学科可以开列出一个长长的目录：气象学、地质学、地理学、测绘学、农学、林学、生态学、机械学、电机学以及经济学、史学、管理科学、环境科学等等。说到具体的工作，可以包括防洪、灌溉和排水、水力发电、航道和港口、水土保持、城镇供水与排水等等。

提到防洪，不仅要防河流，更大的威胁来自海洋。

中国是一个海岸线非常辽阔的国家。海岸线的变化很大程度上是河流和海潮共同作用的结果。河流给沿岸地区带来了松软的泥土，土壤中富含有机质和矿物质，在打造陆地的同时，也为农业发展打下了基础，即所谓的"沧海变桑田"。中国

沿海地区的富足正是在此基础上形成的。但是，另一个困扰也随之而来，那就是从浙北到苏北一带的沿海都有较大的涌潮，尤以杭州湾和长江口的涌潮为最。

钱塘江口和古代长江口（崇明岛形成以前）都很宽大，从南端到北端，分别在两百千米上下，口内则急剧缩小，状如喇叭，江底还有沙坝隆起。潮水来袭的时候，后浪推前浪，前浪因为水面太窄，迅速抬高，形成高潮。所以，古代长江口上的广陵潮和钱塘江上的钱塘潮，都似万马奔腾，异常壮观，闻名于世。

现代已可以利用涌潮发电，但是在古时候，涌潮则是灾害，轻则会破坏当地的农业生产和盐业基地，重则危及人民的生命安全，甚至将桑田变回沧海。

为了防止潮汐灾害，苏、沪、浙沿海人民修建起了伟大的防潮工程——海塘。它在苏北被称为海堤；在苏、松和两浙被称为海塘。这些工程经过千百年的修筑和完善，终于形

成一座北起江苏连云港，南到浙江上虞的海岸长城。

质朴的土塘时代

公元前 210 年，秦朝在此设立钱唐县。"唐，堤也。"古时候，"唐"和"塘"通用。以钱唐作县名，可能当时已有海塘，位置在钱塘江。

有关苏北的海堤记载，最早见于 6 世纪中叶。北齐官吏杜弼任职海州（今江苏连云港西南）时，曾"修长堰，外遏咸潮，内引淡水"。此长堰就是防潮长堤。

据《新唐书》记载，当时在南起盐官（今浙江海宁）北到吴淞江口，建成了一条长六十二千米的捍海塘。这是一条最早见于史料记载的规模很大的海塘，它捍卫着沪、浙间易受涌潮之害的城镇和农田。

公元 766 年至 779 年，淮南的李承在苏北也筑了一条比较重要的捍海堤。它南起通州（今江苏南通市），北至盐城，长七十一千米，名为常丰堰。此外，海州也曾修筑过一条永安堤，长度超过三千米。

自秦汉到隋唐，是中国海塘初建阶段。这一阶段，所建基本上都是土塘，或者在海岸附近夯筑泥土为塘；或者像筑墙一样，用版筑法建造。所谓版筑，就是筑墙时用两块木板（版）相夹，两板之间的宽度就是墙的厚度，板外用木柱支撑住，然后在两板之间填满泥土，用杵筑（捣）紧，筑毕拆去木板木柱，就成为一堵墙。后来战国时期发明了砖，但直到秦汉，砖只用来砌筑墓室和铺地面，一般百姓民居仍使用版筑建造技术。

这种土塘修建起来相对比较容易，可以就地取土，省工省力，技术也比较简单。但缺点是经不起大潮冲击，平时也必须经常维修。

探索的石塘时代

公元910年，吴越王钱镠在杭州候潮门外和通江门外，用"石囤木桩法"构筑海塘。这种方法就是用竹编制笼子，将石块装在竹笼内，码放在海滨，堆集成海塘，然后再在塘前塘后打上粗大的木桩加固，并在上面铺上大石。

相比土塘，新塘比较坚固，防潮汐的性能较好。但是，竹木也容易腐朽，必须经常维修；同时，散装石块缺乏整体性，无力抵御大潮。

发现石木法的不足后，人们又开始了对石塘的探索。

北宋时的杭州知府余献卿是最早修建石塘的人。公元

1036 年，他组织人在杭州江岸建起一条几十千米长的石塘。这种壁立式石塘，向海面用条石砌成，整体性较好，更为坚固。

但是，人们很快又发现了它的弊病。原来，条石向海面壁立，直上直下，受到涌潮冲击时不能分散潮力，所以仍然容易被冲毁。

于是，几年后，在公元 1044 年，转运使田瑜、杭州知府杨偕在余氏石塘的基础上，在杭州东面的钱塘江岸建成一条新石塘。它用条石垒砌，迎潮面砌石逐层内收，形成底宽顶窄的塘型。塘脚用竹笼装石保护，防止涌潮损坏塘基。背海面衬筑土堤，用以加固石塘和防止咸潮渗漏。

北宋时期，苏北沿海还修建了著名的"范公堤"。范公就是写《岳阳楼记》的那位范仲淹。当时，他在泰州任西溪盐官。在他和转运副使张纶的支持下，筑成"范公堤"。它南起通州，中经东台、盐城，北至大丰县，全长九十千米。稍后，海门知县沈起又将范公堤向南伸展三十五千米，人称"沈公堤"。

公元 1222 年，南宋浙西提举刘垕创立了土备塘和备塘河：在石塘内侧不远处再挖一条河道，叫备塘河；将挖出的土在河的内侧又筑一条土塘，叫土备塘。备塘河和土备塘平时可使农田与咸潮隔开，防止土地盐碱化；一旦石塘被潮冲坏，备塘河可以消纳潮水，并使之排回海中，而土备塘可拦截强弩之末的海潮。

元朝，杭州湾两岸都进行过规模较大的石塘修建。北岸修筑的石塘长达七十五千米，南起海盐，北到松江。南岸则在余姚、上虞一带修建了一条石塘。这些石塘的修筑在技术上还有许多创新。包括塘基用木桩打地基，使塘基更坚固；采用纵横交错的方法，将条石层层垒砌，使石塘的整体结构更好；在石塘的背海面附筑碎石和泥土层，加强石塘的抗潮性能；等等。

完善中的鱼鳞石塘

钱塘江口水面广阔，中间屹立着的一些岛屿之间形成三条水道，分别叫作南大门、中小门和北大门。以前，涌潮都走南大门，后来，由于钱塘口沙嘴变化等原因，涌潮改道移到北大门。

涌潮走南大门，危害不大，因为南岸有许多小山。而钱塘江下游的北面是地势低平的太湖流域，涌潮走北大门，其祸患惊人，毁农田、伤人命，逼迫府衙都撤离了危城。

面临涌潮的威胁，明政府频繁地组织人力、物力，修建当地的海塘。

在频繁修建海塘的进程中，人们不断总结经验，改进塘工结构，以提高抗潮性能。其中最重要的是黄光升创造的"五纵五横"鱼鳞石塘。

黄光升发现，过去的旧塘有两个严重的缺点：一是塘基不结实，二是塘身不严密。因此，他主持建塘时，在这两方面都作了重大改进。他要求在基础方面，必须清除其表面的浮沙，直到见到实土，然后打桩夯实。在塘身方面，要求用大小一致的条石纵横交错构筑，五纵五横，底宽顶窄，层层收缩，呈鱼鳞状。石塘背后，加培土塘。黄光升所筑的石塘确实坚固，但造价太高。因此，他的改造工程最终耗尽了经费，半途而废，只能仍用旧塘。

清代大部分时间，浙西沿海仍是海塘工程的重点。在众多的海塘中，朱轼创造的新鱼鳞石塘最为坚固。

公元1720年，有着丰富筑塘经验的朱轼，在海宁老盐仓修建了一段新式鱼鳞石塘。虽然造价很高，但是因为异常坚固而得到了政府的支持。

新鱼鳞石塘的塘基打桩更为坚固，条石以桐油、江米汁拌石灰浆砌，上半部条石之间，用铁锔、铁锭连接。鱼鳞更小、更紧凑，整体性能更优。另外，护塘工程也更讲究，石

塘背海面加强御潮性能和防止潮水渗入，向海面则用石块从塘脚向外斜砌，以保护塘脚，消减潮波能量。

除了修筑石塘，清代还有意识地设法使钱塘江大潮的主流改走中小门，以减轻祸患。方法是疏浚中小门水道，引涌潮主流由此通过，取得了一定的效果。这是很有意义的探索。另外，清末修建海塘时，尝试了新式建筑材料水泥。这同样也是很有意义的尝试。

千百年以来，人们在和大海的较量中，不屈不挠。如今，如何利用涌潮，发挥涌潮的优点，依然是我们开发能源、促进生产的新课题。

水利发明篇

人们大概是从漂浮的树叶或者是不沉的木竹上面得到了启发，于是出现了船只，接着就有了航运。中国人在造船方面有着极高的天赋，竹筏、独木舟、龙舫、战船、炮艇、远洋货船……从小到大，从简单到复杂，从内河到海洋，中国人演绎着精彩的船的历史。

同样，在和水打交道的过程中，人们学会了在水上架设桥梁，避开水的锋芒，又让天堑变通途……水看似柔弱，却有着无穷大的、摧枯拉朽般的威力。不是吗？一场大水可以摧毁房屋，颠覆舟楫，顷刻之间让人从富足变得一无所有，甚至夺去无数生命。这是多么令人敬畏的自然之力！那么，能不能借助这样的力量来为我所用呢？能！没有什么可以难得倒中国人！

千百年来，中国古代的劳动人民学会了利用水利生产，发明了许多劳动工具，提高了生产质量的同时也提高了生活的质量。有许多巧用水利的劳动工具，集合了中国人的奇思妙想与高超智慧。

筒车

宋朝诗人梅尧臣写过一首题为《水轮咏》的诗：

孤轮运寒水，无乃农自营。

随流转自速，居高还复倾。

诗中提到的这个可以依靠水流、周而复始旋转运水的孤轮，叫作筒车。

我们都知道，灌溉农田的时候，一般都是在田间挖渠，通过闸门就可以放水浇地。在平地上这样做很简单，但是如果需要把低处的水浇灌到高处的田地里该怎么办呢？这就要看筒车的了。

筒车也叫水转筒车。这是一种以水流作动力，取水灌田的工具。筒车最初发明于隋朝，距今已有一千多年的历史。

筒车被安装在有流水的河边，因为挖有地槽，被引入地槽的急流推动木叶轮不停地转动，将地槽里的水通过竹筒提升到高处，倒入水槽流进农田中。这种靠水力自动灌溉的古老筒车，在郁郁葱葱的山间、林间出现，常常被视为一幅曼妙的田园春色图，也是最具中国特色的乡村标志物，和荷兰的风车有相同的符号意义。

筒车是中国古代人民利用水利发明的最杰出的机械之一。筒车的水轮既是动力机械又是工作机，以水力为动力，冲动水轮自动运转来提水。其汲水的工具（多为竹筒）系于水轮

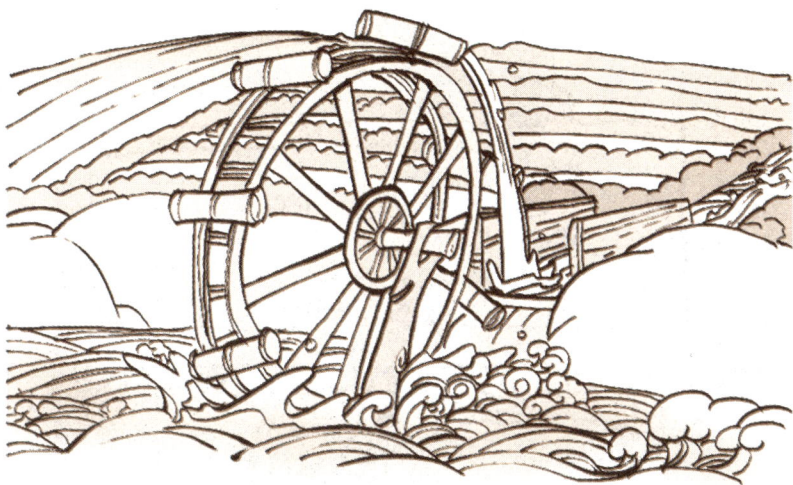

之上，随水轮的转动将水提到水轮的最高处，自动倾入输水槽中，水轮的直径几乎等同于提水高度。因为结构简单，造价低廉，且维修方便，筒车在宋代便已广泛流行于民间，及至近代，仍是农村常用的水力机械。在中国西南部山丘和西北黄河上、中游两岸使用得比较多，云、桂、川、甘、陕、粤等地也有使用。

筒车其实是古代水车的一种。水车是轮转提水机械的统称，又叫翻车，据称最早的发明人是三国时的马钧。水车按动力分有人力、畜力、水力和风力，因为动力装置不同而有不同形制。一般来说，用人力或畜力的水车称"龙骨水车"，利用水流冲动来提水的水车称"筒车"。

龙骨水车适合近距离输水，提水高度在一米到两米左右，比较适合平原地区使用，或者作为灌溉工程的辅助设施，从输水渠上直接向农田提水。用于井中取水的龙骨水车是立式

的，水车的传动装置有平轮和立轮两种以转换动力方向。

　　水力提水机械最早称"水轮""机轮"。元代王祯《农书》记载了两类水力提水机械，就是筒车和水车。其中水车有水转翻车、水转高车（水转筒车）两种。水转翻车的动力传动部分与人力、畜力水车相同，出水端有传动轮；进水端位于水下，为动力轮。水轮有立式、卧式两种，适用于低水头的水力条件。

　　无论哪一种水车，都是巧用自然力的杰作。这些发明创造，科技价值之高、设计和制作水平之完美，都远远领先于世界。后来，筒车也传播到了日本和亚太一些国家和地区。

水碓和水磨

南北朝时的祖冲之，是中国古代一位大数学家，他是最早把圆周率准确计算到小数点后七位的人。其实，他还是个达·芬奇式的大学者，不但懂得天文历法，精通数学、音律、文学、棋术，还长于机械制造，发明过很多有用的劳动工具，包括指南车、千里船等。这里我们介绍一下他发明的水碓磨。

水碓，又称机碓、水捣器、翻车碓、斗碓或鼓碓水碓，是脚踏碓机械化的结果，是利用水力舂米的器械。

舂米就是把打下的谷子去壳的过程，舂出来的壳就是米糠，剩下的米粒就是我们吃到的白米。舂米，谈不上什么工艺，过程也并不复杂，但却绝对是个力气活儿。古老的方法是在一口石臼中用木制或石质的"碓"捣舂除壳，虽然也有技巧，但是没体力可是干不了的。

于是，中国古代劳动人民就发明了利用水力舂米的水碓和磨粉的水磨。

水碓的动力机械是一个大的立式水轮，轮上装有若干板叶，转轴上装有一些彼此错开的拨板，拨板是用来拨动碓杆的。每个碓用柱子架起一根木杆，杆的一端装一块圆锥形石头。下面的石臼里放上准备加工的稻谷。流水冲击水轮使之转动，轴上的拨板就拨动碓杆的梢，使碓头一起一落地进行舂米。

古代水碓分为地碓和船碓，船碓到明代才有。建水碓的位置多选择在河畔。为防止所碓之物不受日晒雨淋，方便使用，各地的水碓都建有水碓房，村民按顺序轮流使用水碓，建房和维修的钱由大家分摊。因为水碓声音较大，所以水碓多设在村外。

汉时虞诩曾上疏，建议在陇西羌人住地筑河槽、造水碓。从此，边远地区遍布"水舂河漕"，"用功省少，军粮饶足"。但是，也有大批贵族为一己私利到处私建水碓，以至于"遏塞流水，转为浸害"，引起公愤。朝廷不得不下禁令，管制水碓建设。可见，水碓的确是盈利的高效生产工具。

西晋初年，杜预发明了"连机碓"和"水转连磨"。一个连机碓能带动好几个石杵一起一落地舂米；一个水转连磨能带动八个磨同时磨粉。杜预发明的连碓是蒸汽锤出现之前

所有重型机械锤的直系祖先。18世纪西方的锻锤，只不过是水碓的复制品而已。

入唐以后，水碓的使用更为广泛，用途也逐渐推广。大凡需要捣碎之物，如药物、香料乃至矿石、竹篾纸浆等等，皆可使用省力功大的水碓。

水磨是一种古老的磨面粉工具，它最重要的结构是将上磨盘悬吊于支架上，下磨盘安装在转轴上，转轴另一端装有水轮盘，以水的势能冲转水轮盘，从而带动下磨盘的转动。由此，免去了人力、畜力的辛苦，功效倍增。

祖冲之看到民众磨面舂米的辛苦，又在前人创造的基础上进一步加以改进，把水碓和水磨结合起来，发明了水碓磨，使舂米磨面同步机械化，自然大大提高了生产效率。

水碓和水磨的发明，无疑是最贴近人民生活，为民谋福利的科技发明。

水排

汉代有一位很有作为的政治家叫杜诗。他青年时期就表现出才能出众，为官后，更是一心为民，处事公平，受到了汉光武帝的赏识。我们无须多讨论他的文韬武略，只需说说他在科学技术史上做的两件有意义的大事：一是兴修水利；一是制作水排。

秦汉时期，长江流域的灌溉以汉水支流唐白河地区的发展最为显著，这里雨量丰沛，气候温和，适于作物生长，所以开发较早，农业和农田水利齐头并进，发展迅速。杜诗在

这方面也作出了很大成绩。史书中记载说，杜诗"修治陂池，广拓土田，郡内比室殷足"。就是说他修渠灌溉，拓荒垦田，使所辖的郡县百姓衣食富足。

杜诗的另一项功绩是发明了水排。所谓"水排"，是一种利用水力鼓风的器具，用于冶金。冶金是指从矿石中提取金属或金属化合物以及加工成金属材料的过程和工艺。中国古代的冶金业也是领先于世界的。生铁的发明就是中国对世界冶金技术的杰出贡献。要获得液态生铁，就需要有较高的炉温，所以鼓风技术对于生铁冶铸的发展具有极其重要的意义。

据考证，商周以来就有冶铸匠师用皮囊鼓风的技术，而水排的出现让鼓风技术和效率获得了质的飞跃。水力鼓风加大了风量，提高了风压，增强了风力在炉里的穿透能力。这一方面可以提高冶炼强度，另一方面可以扩大炉径，加高炉

身，增大有效容积，这就大大地提高了生产能力。

此外，水排不仅运用主动轮、从动轮、曲柄、连杆等机构，把圆周运动变为拉杆的直线往复运动，还运用皮带传动，使直径比从动轮小的旋鼓快速旋转。它在结构上已具有了动力机构、传动机构和工作机构三个主要部分，因此实际上它可以被看作是现代水轮机的前身。水排的出现标志着中国复杂机器的诞生。

由于杜诗的倡导，水排最晚在公元 1 世纪上半叶在河南南阳地区较多地使用起来。《后汉书·杜诗传》中说，杜诗用水排鼓风，锻造农具，既省力效率又高，老百姓都得到了方便。

中国人远在一千四百多年前就能创制出水排这样完整的水力机械，显示出了高度智慧和创造才能，在世界科技史上占有重要的一页。在欧洲，使用水力鼓风设备的鼓风炉直到公元 11 世纪时才出现，而普遍使用则是到 14 世纪的时候。

水转大纺车

中国是纺织古国，也是纺织大国，无论是缫丝还是棉纺，都始终居于世界领先地位。南方因为得天独厚的自然条件，是中国纺织业最发达的地区之一。

在纺织生产中，纺线是非常重要的一个环节，但过程枯燥、辛劳。因此，纺织工具的革新始终都是影响纺织业发展的关键。

王祯，是中国元代著名的农学家和农业机械发明家，同汉代的氾胜之、后魏的贾思勰、明代的徐光启并称"中国四大农学家"。他撰写的《农书》中介绍了大量的农业机械，包括灌溉方面的筒车等，另外还介绍了两种新的

纺车——大纺车和水转大纺卒。王祯称自己的这一发明为"水转大纺车"。

从书中的文字记载和简要图样来看，这种水力大纺车已经相当完备，具备了"发达的机器"所必备的三个部分——发动机、传动机构和工具机。

其发动机为水轮。传动机构由两部分组成，一是传动锭子，一是传动纱框，用来完成加捻和卷绕纱条的工作。工作机与发动机之间的传动，则由导轮与皮弦等组成。按照一定的比例安装并使用这些部件，可做到"弦随轮转，众机皆动，上下相应，缓急相宜"。

工具机即加捻卷绕机构，由车架、锭子、导纱棒和纱框等构成。

水转大纺车主要用于加工麻纱和蚕丝，用两条皮绳传动使三十二枚纱锭运转。由于用水力驱动，它的工效较高，每车每天可加拈麻纱五十千克。

水力大纺车是当时世界上最先进的纺纱机械。据分析，它的工具机所达到的工艺技术水平，即使用18世纪后期英国工业革命时代的纺纱工具机的标准衡量也是非常卓越的。而且它是将自然力运用于纺织机械的一项重大成就，如单就以水力作原动力的纺纱机具而论，中国比西方早了四个多世纪。

非常遗憾的是，因为科技水平的限制，中国古代对水能的开发还没有达到水力发电这样的高级、高效阶段，但是这些成就已经足够令我们引以为豪了。在古代艰苦的条件下，劳动人民发挥聪明才智，用有限的材料，率先自发地在乡间农舍发掘水能、利用水能，并在发明家的不断研发下，制造出如此丰富多样、有趣又有效的劳动工具，这是多么了不起啊！

今日水利篇

　　古代，人们逐水草而居，生产与生活离不开水。但是，不驯服的水让人们敬畏并抗争。人们懂得了择丘陵而处之，躲避水害；学会了刳木而舟，在水上航行、运输；学会了筑坝、挖渠，兴修水利，用新的形式驯服祸水，为己服务。

　　最早的"水利"一词见于《吕氏春秋》中的《孝行览·慎人》篇，意思是捕鱼之利。到了近现代，1933 年时中国水利工程学会决议提出，水利范围包括防洪、排水、灌溉、水力、水道、污渠，港口等八种工程在内。其中的"水力"指水能利用，"污渠"指城镇排水。进入 20 世纪后半叶，水利中又增加了水土保持、水资源保护、环境水利和水利渔业等新内容，水利的含义更为广泛。

今日水利建设

　　新中国成立后，中国的水利建设取得了令世人欣慰和瞩目的成绩。

在科学掌握水利建设的规律和方法后，中国对历史遗留的传统水利工程进行了系统的修整和维护，集中解决重要的水患，并且修建了一系列新的防洪、灌溉、排涝工程，兴修了大量的水电站，让水能发挥了新的巨大作用。

1878 年，法国建成世界上第一座水力发电站。水力发电的基本原理是利用水位落差，配合水轮发电机产生电力，也就是利用水的位能转为水轮的机械能，再以机械能推动发电机而得到电力。

中国是世界上水能资源最丰富的国家之一，开发潜力很大。中国大陆第一座水电站为建于云南省螳螂川上的石龙坝水电站，始建于 1910 年 7 月，1912 年开始发电，当时装机 480 千瓦，后经改建、扩建，最终达 6000 千瓦。

1949 年，新中国成立前，水电建设成了水能开发、利用的重要方式，一大批世界级的水电站涌现出来，成为国家电能的主力军，同时也肩负了航运、蓄洪、泄洪等多重身份，为水利治理作出了突出的贡献。目前，中国的水电发电量已经跃居世界首位。在众多的新水利工程中，有几个颇具代表性。

小浪底——让黄河更清澈

黄河的水患是水利治理中最大的历史难题。新中国成立后，国家加强了对黄河中游水土保护的投入，加固下游围堤，并且在黄河上修建了多个水电站，包括刘家峡、八盘峡、青铜峡和三门峡等，在防洪、拦沙、发电和灌溉等方面发挥了良好的作用。

1994 年，河南洛阳北 30 千米处的小浪底水利工程开工。小浪底采用的是"蓄清排浑"的方式，即汛期泄洪排沙，非汛期蓄水利用，变水沙不平衡为水沙相适应，控制黄河水沙。

小浪底位于黄河最后一段峡谷的出口，地处要冲，刚好是阻截黄河泥沙的最佳位置。泥沙是黄河水患的主要元凶，因此小浪底工程的重点就是针对泥沙的控制。由于入水口最容易被流入的泥沙淤塞，所以小浪底的进口在平面和立面上错落有致，形成低位泄洪排沙，高位泄洪排污，中间引水发电的布置格局。这样既防淤塞，又可避免大量泥沙磨损水闸和以水力发电的发电机车轮。2000 年 1 月，小浪底首台水利发电机正式并网发电。如今，小浪底的总装机容量达到 180 万千瓦。

小浪底除了是一座功能全面的水利工程，还是一处景致壮美绮丽的旅游胜地，有"小千岛湖"的美誉。其一年一度的调水调沙，气势雄伟，堪比钱塘潮。

三峡大坝——水电站之王

1994 年 12 月 14 日，当今世界第一大的水电工程——三峡大坝工程正式动工。三峡大坝位于西陵峡中段、湖北省宜昌市境内的三斗坪，距下游葛洲坝水利枢纽工程 38 千米。这也是长江三峡水利枢纽工程的主要部分。

长江三峡水利枢纽工程包括一座混凝重力式大坝、泄水闸、一座堤后式水电站、一座永久性通航船闸和一架升船机。

整个工程总工期为 18 年。

三峡大坝工程包括主体建筑物工程及导流工程两部分。坝顶总长 3035 米，坝高 185 米，正常蓄水位 175 米，总库容 393 亿立方米，其中防洪库容 221.5 亿立方米，能够抵御百年一遇的特大洪水。

水电站左岸设 14 台，右岸 12 台，共装机 26 台，前排容量为 70 万千瓦的小轮发电机组，总装机容量为 1820 万千瓦时，年发电量 847 亿千瓦时。

三峡大坝建成后，形成长达 600 千米，面积达 10000 平方千米的巨型峡谷型水库，将成为世界罕见的新景观。

航运能力将从现有的 1000 万吨提高到 5000 万吨，万吨级船队可直达重庆，同时运输成本也将降低 35%。

和当今众多大型水利工程一样，三峡工程也是身兼数职。一为防洪，保护江汉平原和洞庭湖平原这一片富饶之乡的平安；二为发电，建立跨越华中、华东、华南、西南等地区的一百六十多个县级行政区，被誉为世界上规模最大、技术最复杂的交直流混合输电系统；三为航运，助力长江黄金水道的建设；四为蓄水抗旱。

长江三峡本来就是一个充满绮丽自然景观和人文色彩浓厚的名胜，如今，三峡水利枢纽工程又为这里平添了新的景致。

南水北调——新的大运河

中国幅员辽阔，地形复杂，气候多样，水的分布也南北不同，东西迥异，极不均衡。总的来说，中国的水情是南方易涝北方易旱。所以从古至今，一直有人在思考，如何调配水资源，才能够互有助益，弥补不足。

随着社会的发展和科技水平的提高，这个梦想终于逐渐变得可行。这就是南水北调工程——一项重大的战略性水利工程。

南水北调工程主要是通过跨流域的水资源合理配置，缓解中国北方水资源严重短缺问题，促进南北方经济、社会与人口、资源、环境的协调发展。

目前，南水北调分东线、中线、西线三条调水线。

西线工程在最高一级的青藏高原上，地形上可以控制整个西北和华北，因长江上游水量有限，只能为黄河上、中游的西北地区和华北部分地区补水；中线工程从第三阶梯西侧通过，从长江支流汉江中上游的丹江口水库引水，自流供水给黄淮海平原大部分地区；东线工程位于第三阶梯东部，因地势低需抽水北送。

换个形象的说法，三条调水线路将与长江、黄河、淮河和海河四大江河构成"四横三纵"的网状布局，使水资源南北调配、东西互济。

目前，东线工程和中线工程已经开始。

东线工程　从长江下游扬州抽引长江水，利用京杭大运河及与其平行的河道逐级提水北送，并连接起调蓄作用的洪泽湖、骆马湖、南四湖、东平湖。出东平湖后分两路输水：一路向北，在位山附近经隧洞穿过黄河；另一路向东，通过胶东地区输水干线经济南输水到烟台、威海。在三线中，东线工程开工最早，并且有现成输水道。

中线工程　从丹江口大坝加高后扩容的汉江丹江口水库调水，经陶岔渠首闸（河南淅川县），沿豫西南唐白河流域西侧过长江与淮河流域的分水岭方城垭口，经黄淮海平原西部边缘，在郑州以西的孤柏嘴处穿过黄河，继续沿京广铁路西侧北上，可基本自流到终点北京。

中线工程主要向河南、河北、天津、北京四省市沿线的二十余座城市供水。中线工程已于2003年12月30日开工，计划2013年年底前完成主体工程，2014年汛期后全线通水。

西线工程　在长江上游通天河、支流雅砻江和大渡河上游筑坝建库，开凿穿过长江与黄河的分水岭巴颜喀拉山的输水隧洞，调长江水入黄河上游。

西线工程的供水目标主要是解决涉及青、甘、宁、内蒙古、陕、晋六省（自治区）黄河上、中游地区和渭河关中平原的缺水问题。结合兴建黄河干流上的骨干水利枢纽工程，还可以向邻近黄河流域的甘肃河西走廊地区供水，必要时也可及时向黄河下游补水。截至目前，这条线路还没有开工建设。

过去有京杭大运河，运送物资、通商贸易，现在，南水北调又与它若即若离，互相渗透，为北方输送着另一条生命的保障。它也是一条生机勃勃的大运河。

迈向人水和谐

中国是发展水利最早的国家之一。我们的祖先在与水的共存中，取得了不朽的、令人骄傲的成果。时至现代，水利开发亦不甘人后，业绩辉煌。但是，我们也应看到，我们在水利建设方面尚存在着许多问题。

一方面，我们没有形成科学完整的防洪体系，防洪标准低，遇超标洪水，缺乏有效的应急措施。

另一方面，我们的水源利用率低，浪费较大。像灌溉水利用系数（即被农作物吸收利用的净水量和供水的比值）仅为 0.3～0.4，而发达国家的这一数值为 0.7～0.8；我们每立方米水产粮仅 1 千克，发达国家则为 2 千克；工业上，我们工业单位产值耗水量是先进国家的 5 至 10 倍；工业用水重复利用率仅为 30% 至 40%，而发达国家则为 75% 至 85%。

此外，我们的整体环境不够理想，污染加

剧，水质下降，75%以上湖泊水域遭到严重污染。全国污水排放量大，城市污水处理率低，污染严重，甚至出现了将污染的废水、毒水注入深井，污染地下水这样令人痛心又痛恨的怪相。现代化光鲜生活的背后，我们付出了沉重的代价。

面对这些问题，我们心情沉重。但是同时，我们也看到，随着认识的不断提高，随着对污染的治理，随着我们学会合理综合利用水力资源、开发水利，人水和谐正成为主旋律。

当代中国人在科学规划、维护健康河流生态，从工程水力向资源水利迈进方面，已做出了很多有益尝试，以谋求水资源的可持续利用，谋求更高层次的人水和谐。

善治国者必先治水。夏禹以来的中华民族，从与水抗争到将水为我所用，再到盛世治水、水利盛世，最终实现人水和谐，反映了中华文明的水梦复兴与水利大国的再度崛起。